BEI GRIN MACHT SICH IHR WISSEN BEZAHLT

- Wir veröffentlichen Ihre Hausarbeit,
  Bachelor- und Masterarbeit

- Ihr eigenes eBook und Buch -
  weltweit in allen wichtigen Shops

- Verdienen Sie an jedem Verkauf

Jetzt bei www.GRIN.com hochladen
und kostenlos publizieren

Marius Schmidt

Erythropoetin als leistungssteigernde Dopingsubstanz

GRIN Verlag

Bibliografische Information der Deutschen Nationalbibliothek:

Die Deutsche Bibliothek verzeichnet diese Publikation in der Deutschen National-
bibliografie; detaillierte bibliografische Daten sind im Internet über http://dnb.d-
nb.de/ abrufbar.

Impressum:

Copyright © 2014 GRIN Verlag GmbH
Druck und Bindung: Books on Demand GmbH, Norderstedt Germany
ISBN: 978-3-656-82265-3

Dieses Buch bei GRIN:

http://www.grin.com/de/e-book/271603/erythropoetin-als-leistungssteigernde-
dopingsubstanz

Gymnasium Wilnsdorf

Jahrgangsstufe 11

Schuljahr 2013/2014

Facharbeit im Leistungskurs Biologie

Rekombinant hergestelltes Erythropoetin (rHu-EPO) als leistungssteigernde Dopingsubstanz in aeroben Sportarten

Verfasser: Marius Schmidt

Bearbeitungszeitraum: 10.02.2014-20.03.2014

Abgabetermin: 21.03.2014

1. Einleitung

Doping nimmt einen immer größeren Bestandteil des heutigen Sportgeschehens, sowohl im Amateur- als auch im Profibereich, ein. Die Dopingsubstanz rHu-Erythropoetin gilt dabei als eine der effektivsten und verbreitetsten Substanzen im Ausdauersport. In dieser Arbeit werden vorerst die normale menschliche EPO-Sekretion, sowie die Wirkung von EPO im Organismus selbst beschrieben, um im Anschluss das Doping mit rHu-EPO genau zu erläutern. Besonders wichtig ist es mir dabei, die Gründe für den Dopingmissbrauch zu nennen und persönlich Stellung zu den Nebenwirkungen etc. zu nehmen.

2. Erythropoetin

Die Anpassung an das, momentan auf den Menschen einwirkende, Sauerstoffangebot und somit die Regulation der Konzentration der roten Blutkörperchen ist die Aufgabe des, vor allem in der Niere sekretierten, Glykoproteins Erythropoetin (EPO). Durch die Aufrechterhaltung eines dynamischen Gleichgewichts zwischen der Erythropoese und dem Abbau der Erythrozyten, sorgt die Ausschüttung von EPO für eine, an das momentane Sauerstoffangebot angepasste, Erhöhung des Hämatokritwertes. Diese Anpassung erfolgt durch die Funktion des Erythropoetins als einen der wichtigsten Wachstumsfaktoren der Erythropoese.

2.1 Chemische Eigenschaften und Struktur

Das humane EPO-Molekül ist ein aus 165 Aminosäuren und vier Kohlenhydratketten bestehendes und ca. 30 400 Dalton schweres Polypeptid. Die Kohlenhydratketten, welche an Serin 126, Asparagin 24, 38 und 83 binden, bilden die Zuckerseitenketten des Moleküls und nehmen ca. 40% seiner Gesamtmasse ein. Zudem sind diese Kohlenhydratstrukturen, im Gegensatz zu der Aminosäuresequenz des Moleküls, variabel, wodurch unterschiedliche EPO-Versionen, wie zum Beispiel rekombinantes Erythropoetin möglich sind (Mikroheterogenität). Diese Mikroheterogenität beeinflusst allerdings nicht die Bindung der unterschiedlichen Isomere an den EPO-Rezeptor (vgl. 3.2 „Vergleich rHu-EPO mit EPO").

2.2 Biosynthese im menschlichen Körper (vgl. „Skizze der EPO-Exprimierung" im Anhang)

Beim erwachsenen Menschen übernimmt die Niere ca. 90% der gesamten Erythropoetinproduktion. Neben dem renalen Produktionsort gibt es verschiedene extrarenale Gewebe (größtenteils in der Leber), welche auch in der Lage sind Erythropoetin zu sekretieren.

Den entscheidenden Indikator für die EPO-Synthese bildet eine Gewebe-Hypoxie. Diese, nach dem Prinzip eines Feedback-Mechanismus ablaufende, Reaktion wird also nicht von einer geringen Erythrozytenkonzentration, also ab einem Hämatokrit von ca. 40% bei Männern und ca. 37% bei

Frauen, sondern durch eine Sauerstoffunterversorgung von Gewebe erzeugt. Aufgrund des Hauptproduktionsortes in den Nieren wirkt sich eine Gewebehypoxie im renalen Bereich besonders stark auf die Synthese von EPO aus. Hier muss also eine Art Sensor für die Wahrnehmung von Gewebehypoxien vorliegen.

Die zuvor angesprochene Gewebe-Hypoxie kann verschiedene Ursachen, wie zum Beispiel Krankheiten etc. haben, jedoch lassen sich unter normalen Umständen drei verschiedene Hauptursachen für eine gesteigerte Erythropoetin-Synthese feststellen. Zum einen die Sauerstofftransportkapazität des Blutes, zum anderen den Sauerstoffpartialdruck der Atemluft, welcher zum Beispiel durch das Leben in hohen Regionen beeinflusst wird sowie die Sauerstoff-Bindungsaffinität des Hämoglobins. Die Sauerstofftransportkapazität des Blutes kann wiederrum durch verschiedene Faktoren beeinflusst werden. Hier spielen der Hämatokritwert, die Hämoglobinmenge, welche im gesamten Blut zirkuliert und die gesamte Blutmenge eine große Rolle. Die gesamte Blutmenge kann zum Beispiel durch krankheitsbedingte Anämien oder auch durch Unfälle induzierte Blutverluste beeinflusst werden. Erleidet also zum Beispiel ein Unfallopfer einen größeren Blutverlust, so wird sein Körper bzw. seine Niere mit Hilfe des Feedback-Mechanismus auf diesen reagieren und mehr EPO produzieren, um der, durch den Blutverlust erzeugten, Gewebe-Hypoxie entgegen zu wirken. Diese Reaktionen lassen sich auch bei chronisch anämischen Patienten beobachten.[1] Außerdem lässt sich die Erythropoetinproduktion auch, durch zum Beispiel eine Erhöhung des Blutvolumens, verringern, da durch eine Transfusion von Blut ein erhöhter Hämatokritwert erzeugt und so die Sauerstofftransportfähigkeit des Blutes erhöht würde. Das Prinzip der Sauerstofftransportfähigkeitserhöhung des Blutes durch einen erhöhten Hämatokritwert machen sich auch Sportler zu nutzen, indem sie in großer Höhe trainieren und so ihren Körper dazu veranlassen, mehr EPO und somit mehr Erythrozyten zu produzieren. Diese erhöhte Erythrozytenproduktion jedoch beeinflusst nur den Hämatokritwert und nicht das gesamte Blutvolumen.

Der zuvor schon angesprochene Sensor für eine Gewebehypoxie wird durch den Transkriptionsfaktorkomplex Hypoxie-induzierbaren-Faktor-1 (kurz: HIF-1) gebildet. Dieser Transkriptionsfaktorkomplex besteht aus zwei Untereinheiten. Zum einen dem Hypoxie-induzierbaren-Faktor-1α (HIF-1α) und zum anderen dem Hypoxie-induzierbaren-Faktor-1β (HIF-1β), welche sich aufgrund ihrer Abhängigkeit vom Blutsauerstoffgehalt komplett unterscheiden. Im Gegensatz zu HIF-1β ist HIF-1α ein pO_2 (Blutsauerstoff) labiles Molekül. Diese pO_2-Labilität sorgt dafür, dass HIF-1α, welches ständig, unabhängig vom Sauerstoffgehalt des Blutes synthetisiert wird, nur unter hypoxischen Bedingungen stabilisiert werden kann und unter normoxischen Bedingungen binnen weniger Minuten, durch Proteasom, wieder abgebaut wird. Die Stabilisierung wird hierbei

---

[1] COTES, P. M. (1989) Physiological studies of erythropoietin in plasma. In: Erythropoietin, Springer Verlag (Berlin), 57-79.

durch eine Inhibition der Hydroxylierung, welche bei normoxischen Bedingungen den Abbau von HIF-1α generiert, erzeugt. Folglich wird auf eine Gewebehypoxie zunächst mit der Stabilisierung des HIF-1α reagiert. Diese Stabilisierung hat dann zur Folge, dass HIF-1α akkumuliert und durch eine Translokation in den Kern der EPO-exprimierenden Zelle gelangt. Dort bindet dann das HIF-1α-Molekül an das, sich im Kern befindendem, HIF-1β-Molekül um, den zu Beginn angesprochenen, dimeren Komplex HIF-1 zu bilden. HIF-1 kann dann durch die Bindung an bestimmte DNA-Sequenzen die Bindung eines Polymerase II-Komplexes ermöglichen. Dieser Komplex wiederrum bindet dann an einen bestimmten Punkt des EPO-Gens (3´-Flanke) und führt zur Transkription in die EPO-mRNA. Diese EPO-mRNA wird dann mit Hilfe der Ribosomen im Zytoplasma zum EPO-Molekül translatiert.

Mit Hilfe dieses Prozesses und der, an dessen Ende stehenden, Ausschüttung von Erythropoetin, reagiert die EPO-exprimierende-Zelle folglich auf eine Gewebehypoxie. Warum genau dieses Hormon als Reaktion auf eine Gewebehypoxie gebildet wird und wie dieses Hormon dann diese bekämpft, wird im folgenden Abschnitt 2.2. erläutert.

2.3 Funktion im menschlichen Körper

Wie in 2.2 bereits beschrieben, findet als Reaktion auf eine Gewebehypoxie eine, durch verschiedene Transkriptionsfaktoren gesteuerte, Ausschüttung von Erythropoetin statt. Die Ausschüttung dieses Hormones beeinflusst, laut neuesten wissenschaftlichen Erkenntnissen, den Körper in vielerlei Hinsicht. In dem auf Doping bezogenen Kontext, lässt sich seine Funktion, als der wichtigste Wachstumsfaktor der Erythropoese, als ausschlaggebend bezeichnen. Wie jedes andere Glykoprotein-Hormon gelangt Erythropoetin, aufgrund seiner Hydrophilität, über das Blut zu seinen Bestimmungspunkt. Dieser Transport zu seinem Bestimmungspunkt, nämlich dem Knochenmark, erfolgt durch eine Weiterleitung des, mit Erythropoetin angereicherten, Blutes in Richtung des Herzens, wo es in die Aorta gelangt. Im Anschluss daran wird es über die Arteria nutricae, welche für die Blutversorgung der menschlichen Knochen zuständig ist, zum Knochenmark geleitet. In diesem entfaltet es dann seine, die Sauerstofftransportkapazität des Blutes regulierende, Wirkung, indem es an bestimmten Punkten der Erythropoese die Apoptose der Erythrozyten-Vorläuferzellen verhindert.
Der Mechanismus der Erythropoese wird im Anschluss unter 2.4 genauer erläutert.

2.4 Erythropoese (vgl. „Erythropoese (Skizze)" im Anhang)

Wie in 2.3 bereits beschrieben, umfasst der Mechanismus der Erythropoese die Bildung roter Blutkörperchen/Erythrozyten. Diese Bildung erfolgt in Form eines mehrstufigen Reifungsprozesses, an dessen Beginn sowohl omnipotente als auch pluripotente Stammzellen stehen. Deren Reifung wird durch viele verschiedene Wachstumsfaktoren beeinflusst, wobei sich Erythropoetin als der wichtigste und ausschlaggebendste von diesen definieren lässt.

Wie schon erwähnt, bilden die Stammzellen den Beginn der Erythropoese. Aus diesen Stammzellen resultiert dann die Vorläuferzelle, CFU-GEMM, aus der sowohl BFU-E-Zellen (engl. burst-forming unit erythroid) als auch andere Blutzellen entstehen können. Diese BFU-E-Zelle lässt sich als erste festgesetzte Reifungsstufe im Reifungsprozess eines Erythrozyten definieren und wird gefolgt von der letzten Vorläuferzelle der Erythropoese, der CFU-E (engl. colony-forming unit erythroid). Beide dieser Zellen, also der BFU-E und der CFU-E, besitzen in ihren späteren Stadien Erythropoetinrezeptoren (in Form eines Zytokinrezeptors (vgl. 1.4.)), welche durch die Bindung von Erythropoetin eine komplexe Signalkaskade auslösen und dadurch die Apoptose der Vorläuferzellen verhindern. Diese Inhibition der Apoptose ist also der, die Reifung der Erythrozyten befördernde bzw. ermöglichende, Prozess, welcher nur durch Erythropoetin ablaufen kann. Stünde also einem Menschen kein Erythropoetin zur Verfügung, läge die EPO-Serumkonzentration im Blut also bei 0 mU/ml, so könnte er keine neuen Erythrozyten mehr herstellen und würde, nachdem eine gewisse Anzahl von Erythrozyten (vor allem in der Milz) abgebaut worden wäre, aufgrund einer Sauerstoffuntervorsorgung sterben (ein kompletter Abbau der Erythrozyten würde ca. 120 Tage dauern).

Im Anschluss daran beginnt die eigentliche Erythropoese durch die Bildung der Proerythroblasten aus der CFU-E. Diese Proerythroblasten bilden die ersten, morphologisch zuordnungsfähigen, Zellen auf dem Weg zum Erythrozyten, da sich die zuvor genannten Vorläuferzellen nur mit Hilfe von Oberflächenmarkern erkennen lassen. Durch die anschließende Zellteilung der Proerythroblasten erfolgt dann die Bildung basophiler Erythroblasten, welche durch ihren hohen Anteil von Ribonukleinsäure bläulich erscheinen. Proerythroblast und basophiler Erythroblast bilden zusammen die unreifen roten Vorstufen der Erythropoese (eine Bezeichnung als unreife, blaue Vorstufen wäre meiner Meinung nach an dieser Stelle jedoch, aufgrund der bläulichen Färbung der Zellen, die passendere Formulierung).

Im Anschluss an die unreifen roten Vorstufen befinden sich die reifen roten Vorstufen, welche sich von den unreifen im Allgemeinen durch ihren höheren Hämoglobinanteil und somit die orthochromatische Färbung unterscheiden. Aus dem basophilen Erythroblasten bildet sich nun ein polychromatischer Erythroblast, welcher die letzte zur Zellteilung fähige Zelle der Erythropoese darstellt und noch keine orthochromatische Färbung aufweist. Die Teilung von diesen hat dann die Bildung der orthochromatischen Erythroblasten zur Folge, welche, wie der Name schon sagt, eine rötliche Färbung aufweisen und somit schon einen relativ hohen Anteil an Hämoglobin enthalten. Wichtig ist an dieser Stelle, dass der orthochromatische Erythroblast, gegen Ende seiner Entwicklung, sowohl seinen Zellkern (durch Kondensation und Aufnahme durch Makrophagen) als auch seine Mitochondrien, das endoplasmatische Retikulum und viele Ribosomen verliert. Der Verlust des Kernes führt dabei zur Umbenennung der Zelle in einen Retikulozyten, welcher noch einen geringen Anteil an Polyribosomen enthält und sich dadurch noch von der Endstufe der Erythropoese, dem

Erythrozyt, unterscheidet. Der Retikulozyt produziert noch kurze Zeit weiter Hämoglobin. Angeschlossen an diese Produktion von Hämoglobin und weiteren 48 Stunden im Knochenmark befindet sich die Abwanderung des Retikulozyten in die Blutbahn, in der er sich zunächst weitere 48 Stunden befindet und sich erst dann zu einem reifen Erythrozyten entwickelt.

> Der Verlust der Organellen hat mehrere Konsequenzen, da der Erythrozyt dadurch viele Stoffwechselwege nicht einschlagen kann. So gehen mit den Mitochondrien die β-Oxidation, der Citratzyklus und die Atmungskette verloren. Die einzige Möglichkeit für den Erythrozyten, Energie zu erzeugen, ist daher die anaerobe Glykolyse, die vollständig im Zytosol abläuft. Der Vorteil ist, dass Erythrozyten ihre Fracht auch wirklich nur transportieren und nicht selbst verbrauchen. (Biochemie des Menschen 2002, Seite 483[2])

Wie in diesem Zitat beschrieben lässt sich der Verlust der Organellen aus dem Grund erklären, dass dir Erythrozyten den Sauerstoff nur transportieren sollen, ihn aber zum Beispiel für die Herstellung von Adenosintriphosphat in ihren Mitochondrien verbrauchen würde, sodass weniger Sauerstoff für den gesamten Organismus, in dem Kontext dieser Arbeit für die Muskulatur, zu verfügen stehen würde. Insgesamt beläuft sich die Dauer der Erythropoese auf ca. 8 Tage (ab der Bildung der Proerythroblasten) und führt zu ca. 120 Tagen lebenden Erythrozyten.

2.5 Erythropoetin-/ Zytokinrezeptor (vgl. „Erythropoetinrezeptor/Zytokinrezeptor" im Anhang)

Wie auch andere, für das Wachstum bzw. die Differenzierung von Zellen zuständige, Proteine, wird auch Erythropoetin als Zytokin bezeichnet (trotz seiner klassisch endokrinen Wirkung). Daher lässt sich der Rezeptor für Erythropoetin, welcher an den Membranen der BFU-E und der CFU-E-Zellen vorliegt, nicht nur als Erythropoetin-/, sondern auch als Zytokinrezeptor bezeichnen. Dieser Rezeptortyp zeichnet sich durch seine Zytokin-/ Erythropoetinbindungstelle im extrazellulärem und durch seine zwei Janus-Kinasen (JAK) im intrazellulärem Raum aus.

Bindet ein Zytokin an seine entsprechende Bindungsstelle, so kommt es zur Annäherung und Aktivierung der beiden JAKs, welche eine Phosphorylierung bestimmter, im Zytoplasma liegender, Tyrosinreste des Rezeptors führt. Durch diese Phosphorylierung bilden sich am zytoplasmatischen Teil des Rezeptors Bindungsstellen für so genannte STAT-Proteine (Signaltransduktoren und Aktivatoren der Transkription). Für diesen Vorgang ist es allerdings von immenser Wichtigkeit, dass die JAKs zu zweit, also als Dimer, vorliegen, da sie sonst ihre Wirkung nicht entfalten könnten. Im Anschluss an die Phosphorylierung des zytoplasmatischen Rezeptorteils, binden jeweils zwei STAT-Proteine an die, durch die Phosphorylierung gebildeten, STAT-Rezeptoren, was zur Phosphorylierung der STAT-Proteine führt. Nachdem die STAT-Proteine nun phosphoryliert wurden, bilden sie zusammen ein STAT-Dimer, welcher in den Zellkern bzw. zur DNA diffundieren kann. An der DNA selbst, führt es dann zur Transkription von RNA. Das STAT-Protein dient also, wie der Name bereits sagt, zur Transduktion einer Information und Transkription bestimmter Proteine, welche sich durch unterschiedliche Zytokine voneinander differenzieren und somit eine, auf das jeweilige Zytokin

---

[2] Horn, Florian (2002): Biochemie des Menschen, Das Lehrbuch für das Medizinstudium 4. Auflage. – München: Thieme

abgestimmte, Genaktivierungen herbeiführen. Im Falle von Erythropoetin muss die Diffusion des STAT-Dimers in den Zellkern die Apoptose der CFU-E und der BFU-E Zellen verhindern.

2.6 Aufbau der Erythrozyten

Wie in Abschnitt 2.4 „Erythropoese" bereits beschrieben, besitzen Erythrozyten weder einen Zellkern, noch Zellorganellen wie Mitochondrien. Des Weiteren lassen sich Erythrozyten als runde, in der Mitte leicht bikonkave Plättchen bezeichnen, welche ca. 44% des gesamten Blutvolumens eines Menschen ausmachen. Durch diesen immensen Anteil am Blutbild eines Menschen erreichen Erythrozyten eine Konzentration von ca. 5 Millionen pro Tropfen bei Männern und ca. 4,5 Millionen bei Frauen. Die wichtigsten Funktionen (auch in Bezug auf das Thema dieser Arbeit) von diesen bestehen darin, sowohl das menschliche Gewebe mit Sauerstoff (O_2) zu versorgen, als auch für den Abtransport von Kohlenstoffdioxid (CO_2) zu sorgen. Diese, den Gasaustausch regulierende Funktion, wird durch das Molekül Hämoglobin ermöglicht, welches ca. 88% des Volumens eines Erythrozyten ausmacht.

2.7 Funktionsweise des Hämoglobins (vgl. „Vereinfachte Darstellung des Hämoglobins/ Häm-Moleküls" im Anhang)

Hämoglobin ist ein aus vier Untereinheiten bestehendes Molekül, welches aufgrund seiner rötlichen Farbe auch als roter Blutfarbstoff bezeichnet wird. Die vier Untereinheiten werden aus jeweils einem Porphyrin-Teil (Häm-) und einem aus Proteinen bestehenden Teil (-globin) gebildet. Das Häm-Molekül setzt sich dabei aus vier ringförmig angeordneten Pyrrolringen zusammen, welche so angeordnet sind, dass ihre Stickstoffatome im inneren Teil des Ringes liegen. Diese Lage ermöglicht es dem Pyrrolringkomplex, sich ringförmig um ein, das Zentrum des Häm-Moleküls bildendes, Fe^{2+}-Ion zu legen, indem es mit seinen Stickstoffatomen an vier der sechs offenen Bindungsstellen des Fe^{2+}-Ions bindet. Die fünfte Bindungstelle wird dann durch die Bindung des Protein-Teils (Globin-Teils) belegt, wodurch eine der vier Untereinheiten des Hämoglobins entsteht. An jedem der vier zentralen Fe^{2+}-Ionen befindet sich nun noch eine frei Bindungsstelle, an die sich jeweils ein Sauerstoffmolekül (O_2) anlagern kann und somit durch die Blutzirkulation zu seinem Bestimmungsort gebracht werden kann.

3. Doping mit rHu-EPO

Die, das Wachstum der Erythrozyten anregende, Wirkung von Erythropoetin machen sich auch viele Sportler, deren Belastungen von aerober Natur sind, zu Nutzen. Das Verwenden von chemisch hergestelltem, rekombinanten, humanen Erythropoetin (rHu-EPO), stellt dabei den entscheidenden Faktor dar. Mit der exogenen Zufuhr von rHu-EPO lässt sich der Hämatokritwert, also der Anteil der Erythrozyten am gesamten Blutbild, extrem erhöhen, was zu einer Leistungssteigerung durch eine erhöhte O_2-Transportkapazität des Blutes und somit einer besseren O_2-Versorgung der Muskulatur führt.

3.1 Geschichtliche Entwicklung/ Aktuelles von den Olympischen Spielen in Sotschi

Nachdem Erythropoetin 1977 erstmals aus menschlichem Urin gefiltert werden konnte, wurde 1985 zum ersten Mal das EPO-Gen geklont, sodass rHu-EPO bereits 1987 in Europa erhältlich war. Kurz nachdem rHu-EPO in Europa erhältlich wurde, wurden verschiedene Todesfälle junger, holländischer Radfahrprofis auf die Wirkung von rHu-EPO geschoben. Bereits 1990 wurde es dann vom olympischen Komitee als Dopingsubstanz eingestuft, welche, sofern ein Athlet sie einnahm, zur Disqualifikation des entsprechenden Sportlers führte. Als dann 1998, in einem Versorgungsfahrzeug des Radteams Festina bei einer Etappe der Tour de France, rHu-EPO entdeckt wurde, kam es zu einer großen öffentlichen Diskussion, welche EPO zu einer der bekanntesten Dopingsubstanz der Welt machte.

Selbst bei aktuellen Wettkämpfen wie zum Beispiel den XXII olympischen Winterspielen in Sotschi, bei denen die Dopingkontrollen, aufgrund von des großen Forschungsaufwands, immer genauer werden, werden immer wieder Athleten mit einem extrem hohen Hämatokrit entdeckt und disqualifiziert. Am letzten Tag der diesjährigen olympischen Winterspiele, wurde zum Beispiel der österreichische Ski-Langläufer Johannes Dürr des EPO-Dopings überführt.[3]

Grundsätzlich stellt sich an dieser Stelle die Frage, ob es überhaupt noch nicht gedopte Topathleten bei internationalen Wettkämpfen gibt und ob der Sieg bei einem Radrennen wie zum Beispiel der Tour de France ohne Doping überhaupt möglich ist.

> "Es ist unmöglich, die Tour ohne Doping zu gewinnen", sagte er in einem Interview mit der französischen Zeitung "Le Monde". "Doping existiert schon seit dem Altertum und wird auch weiter existieren. Es wird nie enden." Vor allem nicht bei einer extremen Ausdauerbelastung wie der Frankreich-Rundfahrt – da hat Armstrong keine Zweifel." Die Tour ist eine Veranstaltung, bei der die Kondition entscheidend ist. Um ein Beispiel zu geben: Epo hilft einem Sprinter über 100 Meter nicht, aber einem Radfahrer umso mehr. Das ist offensichtlich", sagte Armstrong. Dem Kontrollsystem stellte er ein Armutszeugnis aus: "Ich hatte nie Angst vor Dopingkontrollen. Viel mehr Angst hatte ich vor dem Zoll und vor der Polizei."[4] (Armstrong-„Tour-Sieg ohne Doping unmöglich", Zeile 12-26, Axel Springer SE 2014)

Aussagen wie die des ehemaligen Radprofis und überführten Dopingsünders, Lance Armstrong, unterstützen diese Vermutung. Fraglich ist zudem, inwieweit der menschliche Körper ohne Doping fähig ist, immer wieder neue Rekorde in aeroben Sportarten aufzustellen und ab welchem Punkt die menschliche Leistungsgrenze überhaupt erreicht ist.

3.2 Vergleich rHu-EPO mit EPO

Grundsätzlich lässt sich rHu-EPO als sehr gut verträgliche Substanz einstufen, da es sich von menschlichen EPO nur in seiner Glycosilierung unterscheidet, was zu, für die Verträglichkeit irrelevanten, Unterschieden in der Ladung des Moleküls führt. Das Aminosäuregerüst von rHu-EPO

[3] http://www.n-tv.de/sport/olympia/Oesterreicher-Duerr-gesteht-Doping-article12332011.html
[4] http://www.welt.de/sport/article117537296/Armstrong-Tour-Sieg-ist-ohne-Doping-unmoeglich.html

stimmt hingegen völlig mit dem des menschlichen EPOs überein. Diese Analogie führt dazu, dass rHu-EPO intravenös verabreicht werden kann, da es, genauso wie menschliches EPO, hydrophil ist und somit durch das Blut zum Knochenmark transportiert werden kann. Hier bindet es dann genauso wie sein

menschliches Gegenstück an den Erythropoetinrezeptor der BFU-E und CFU-E Vorläuferzellen der Erythropoese und verhindert dadurch deren Apoptose.

3.3 Leistungssteigerung im aeroben Bereich

Damit der Mensch leben kann und auch zu sportlichen Höchstleistungen fähig ist, benötigt er, wie fast alle Organismen, Sauerstoff um Energie zu erzeugen. Diese Energie wird in den Mitochondrien mit Hilfe von Sauerstoff sowie Kohlenhydraten, Fetten und Proteinen durch die Produktion von Adenosintriphosphat (ATP) erzeugt. Adenosintriphosphat ist für die Kontraktion der Muskulatur von großer Bedeutung, da ohne ATP die Myosinköpfchen nicht dazu fähig wären an den Aktinfäden anzudocken, ihn heranzuziehen und sich wieder abzuklappen.

Wichtig ist jedoch an dieser Stelle, dass man zwischen verschiedenen, auf die momentan geforderte Leistung angepassten, Energiebereitstellungmechanismen unterscheidet. Zum einen besteht die Möglichkeit Energie ohne die Verwendung von Sauerstoff (zum Beispiel mit Hilfe des Kreatinphosphatspeichers), also anaerob, zu erzeugen. Diese Art der Energiebereitstellung eignet sich jedoch nur für kurze und heftige Belastungen zum Beispiel bei einem 100m-Sprint. Zum anderen kann, wie eben bereits erwähnt, die Energiebereitstellung mit Hilfe von Sauerstoff, also aerob, ablaufen. Diese Art der Energiebereitstellung wiederrum eignet sich nur für lange und andauernde Belastungen wie zum Beispiel bei einem Ski-Langlauf-Wettkampf, einem 10.000m-Lauf oder eine Etappe bei der Tour de France. Folglich erhöht Doping mit rHu-EPO nur dann die Leistung eines Sportlers, wenn er seine Energie mit Hilfe eines aeroben Stoffwechsels herstellen muss bzw. wenn er zum Beispiel eine der eben genannten Sportarten/Disziplinen betreibt. Dieser Sachverhalt ist darauf zurückzuführen, dass durch den erhöhten Hämatokritwert eine wesentlich bessere Sauerstoffversorgung des Gewebes bzw. der Mitochondrien ermöglicht wird und somit wesentlich mehr Sauerstoff zur ATP-Produktion zu Verfügung steht. Der mit rHu-EPO gedopte Athlet ist also in der Lage, wesentlich schneller und wesentlich mehr ATP zu produzieren und kann dadurch, aufgrund einer besseren Energieversorgung seiner Muskulatur, wesentlich bessere Leistungen als nicht gedopte Sportler erbringen. Diese gesteigerte Leistung beläuft sich meist auf ca. 5% schnellere Zeiten etc. In der Theorie wären noch größere Leistungssteigerungen durch das Doping mit rHu-EPO möglich, jedoch werden ab einem gewissen Hämatokrit, welcher sich unter anderem durch eine erhöhte Viskosität des Blutes ausdrückt (Erläuterung in 3.4), keine Verbesserungen mehr erzielt, da das Blut zu viskos und somit der Sauerstofftransport zu langsam ist.

3.4 Gefahren und Nebenwirkungen/Grenzwert des Hämatokrits

Größtenteils bestehen die Gefahren des rHu-EPO Dopings darin, den Hämatokritwert zu stark zu erhöhen. Gilt ein Hämatokrit von über 50%, bei zum Beispiel olympischen Spielen, als Indiz für einen gedopten Athleten, so ist diese Grenze nicht nur gesetzt um die Fairness unter den einzelnen Athleten zu bewahren, sondern auch um den gedopten Athleten zu schützen.

Um die Gefahr eines stark erhöhten Hämatokritwertes zu begründen, ist es zuerst von Nöten sich eine weitere Auswirkung der Erythrozyten auf das menschliche Blutbild anzusehen – die Viskosität. Je mehr Erythrozyten sich im Blut befinden, das heißt je höher der Hämatokrit wird, desto viskoser wird das menschliche Blut. Diese Viskosität kann zu Bluthochdruck, Thrombosen und schlimmstenfalls dem Tod führen. Besonders interessant ist dabei die Betrachtung von sehr gut trainierten Sportlern, da diese, zum Beispiel im Schlaf, einen sehr geringen Ruhepuls besitzen und dabei das Blut, aufgrund seiner Viskosität, noch langsamer bzw. sogar nur noch stockend durch die Adern fließen kann. Wie bereits erwähnt liegt der Hämatokritwert bei Männern durchschnittlichen zwischen 42-45%.

Zuviel EPO, so räumen auch die Produzenten ein, ändere die "Fließeigenschaften" des Blutes. Hämatologe Eichner sagte es sehr viel plastischer: "Das Blut verklumpt, verschließt die Gefäße, und dann wird es ganz zu Stein."(Doping Schlamm in den Adern, DER SPIEGEL 24/1991, SPIEGEL-Verlag)[5]

Des Weiteren besitzen manche Tumorzellen Erythropoetin-Rezeptoren, welche dann durch das Binden von Erythropoetin zum Wachstum angeregt werden können. Außerdem führt die exogene Zufuhr von rHu-EPO, wie bei fast allen Dopingsubstanzen, zu einer negativen Rückkopplung. Diese negative Rückkopplung wiederrum führt dann zu einem drastischen Leistungsabfall, nachdem der Athlet rHu-EPO abgesetzt hat. Dieser lässt sich durch die verminderte EPO-Produktion des Körpers erklären, welche sich allerdings nach einiger Zeit wieder normalisiert.

4. Fazit

Zum Schluss ist es mir wichtig, den Grund für den immensen Konsum von Dopingsubstanzen zu erläutern. Dieser lässt sich, meiner Meinung nach, auf unsere Leistungsgesellschaft, welche immer größere Erfolge und neue Rekorde erwartet, zurückführen. Athleten werden zum Teil dazu gezwungen Dopingsubstanzen, wie rHu-EPO, zu verwenden, um sowohl den Anforderungen der Gesellschaft zu entsprechen als auch mit den immer besser werdenden Zeiten etc. mitzuhalten.

Vielfach besteht auch eine existenzielle Abhängigkeit von Sponsorengeldern für Athleten, welche weniger populäre Sportarten wie Biathlon etc. betreiben. Diese fließen allerdings nur dann, wenn ihre Leistungen stimmen, was die Versuchung zu dopen ansteigen lässt. Diese Wirkung wird verstärkt, wenn die Athleten, aufgrund von zeitraubendem Training etc., nur schwer normalen und geregelten Arbeitszeiten nachgehen können.

Meiner Meinung nach sollte rHu-EPO nur medizinisch zum Beispiel zur Behandlung von Anämien und nicht als Dopingsubstanz verwendet werden, da diese Verwendung nicht nur den Athleten

---

[5] http://wissen.spiegel.de/wissen/image/show.html?did=13488551&aref=image036/2006/05/12/cq-sp199102401910198.pdf&thumb=false

selbst gefährdet, sondern auch Amateursportler dazu anregt sich mit rHu-EPO zu dopen. Amateursportler sind meiner Meinung nach, durch den evtl. unvorsichtigen und unerfahrenen Umgang mit rHu-EPO, besonders gefährdet und können häufig die vorhandenen Gefahren, welche im Zusammenhang mit der Einnahme von rHu-EPO stehen, nicht einschätzen.

6. Bibliographie

Primärliteratur:

1. Horn, Florian (2009): Biochemie des Menschen Das Lehrbuch für das Medizinstudium. 4. Auflage – Stuttgart: Thieme.

2. Verschiedene Autoren (2004): BIOLOGIE HEUTE SII entdecken – Braunschweig: Schroedel

3. Verschiedene Autoren (1995): Natura Biologie für Gymnasien Band 3. 2 Auflage – Stuttgart, Düsseldorf, Leipzig: Ernst Klett Verlag.

Sekundärliteratur:

1. Simone Corinna von Wietersheim (2007): Erythropoetin-Sekretion in Ekto-5´- Nukleotidase (CD73)-Knockout-Mäusen - Aus dem Institut für Pharmakologie und Toxikologie der Universität Tübingen Abteilung Pharmakologie und Experimentelle Therapie, Leiter: Professor Dr. H. Oßwald

2. Thomas Herbert Schmidt (2004): Regulation der Erythropoetin-Sekretion: Einfluss des endogenen Angiotensins unter salzarmer und salzreicher Ernährung - Aus dem Institut für Pharmakologie und Toxikologie der Universität Tübingen Abteilung Klinische Pharmakologie, Leiter: Prof. Dr. C. H. Gleiter

3. Autor: Unbekannt (1991): Schlamm in den Adern - SPIEGEL-Verlag Rudolf Augstein GmbH & Co. KG. (Kopie des Artikels befindet sich im Anhang)

4. Cathérine Simone Gebhard (2007): Untersuchungen zur Regulation der Kohlenmonoxid-bedingten Stimulation der Erythropoetinsekretion bei der Ratte - Aus dem Institut für Pharmakologie und Toklogie der Universität Tübingen Abteilung Pharmakologie und Experimentelle Therapie, Abteilungsleiter: Professor Dr. H. Oßwald

5. Joachim Fandrey (2007): Regulation der Sauerstoffhomöostase durch Hypoxie-induzierbaren Faktor 1 – In: BIOspektrum 01/2007, 26-28

Internetquellen:

1. Bundesinstitut für Sportwissenschaften: Aktuelle wissenschaftliche Beiträge zum EPO-Doping. http://www.bisp.de/SharedDocs/Publikationen/BISp/DE/Bibliografien/EPO_Doping.pdf?__blob=publicationFile [Stand: 03.03.2014] (Kopie des Artikels befindet sich im Anhang)

2. Chemie.de: Erythropoetin. http://www.chemie.de/lexikon/Erythropoetin.html#Strukturelle_Eigenschaften [Stand: 03.03.2014] (Kopie des Artikels befindet sich im Anhang)

3. Doktor Gumpert: Epo - Erythropoetin. http://www.dr-gumpert.de/html/erythropoetin.html [Stand: 03.03.2014] (Kopie des Artikels befindet sich im Anhang)

4. Universität Ulm, Jelkmann W.: Körpereigene produktion von erythropoietin (epo). https://www.uni-ulm.de/fileadmin/externe_websites/ext.dzsm/content/Archiv2013/Heft_11/uebersicht_jelkmann.pdf [Stand: 03.03.2014]